STEAM创新研学系列

张航
主编

建筑师
音效师

张航 柳燕 洪琴 编著

工程图

海峡出版发行集团
THE STRAITS PUBLISHING & DISTRIBUTING GROUP | 福建教育出版社

图书在版编目（CIP）数据

建筑师　音效师/张航，柳燕，洪琴编著. 一福州：
福建教育出版社，2021.6
（STEAM 创新研学系列/张航主编）
ISBN 978-7-5334-8703-4

Ⅰ．①建…Ⅱ．①张…②柳…③洪… Ⅲ．①建筑学
－少儿读物②音乐学－少儿读物　Ⅳ．①TU-49②J60-49

中国版本图书馆 CIP 数据核字（2020）第 047320 号

STEAM 创新研学系列

Jianzhushi　Yinxiaoshi

建筑师　音效师

张航　柳燕　洪琴　编著

出版发行　**福建教育出版社**

（福州市梦山路 27 号　邮编：350025　网址：www. fep. com. cn

编辑部电话：0591-83716190

发行部电话：0591-83721876　83727027　83726921）

印　　刷　福州华彩印务有限公司

（福州市福兴投资区后屿路 6 号　邮编：350014）

开　　本　787 毫米×1092 毫米　1/16

印　　张　7.25

版　　次　2021 年 6 月第 1 版　　2021 年 6 月第 1 次印刷

书　　号　ISBN 978-7-5334-8703-4

定　　价　39.00 元

编 写 说 明

　　STEAM 教育是一种跨学科融合的综合教育。五个字母分别代表了科学（science）、技术（technology）、工程（engineering）、艺术（art）、数学（mathematics）五个学科，它是培养综合性人才的一种创新型教学模式。而当前在中小学开展研学旅行也是新时代国家推动基础教育育人模式的新探索，其综合实践育人的宗旨与注重实践的 STEAM 教育理念不谋而合。在此背景下，中国科学院科普联盟科教创新专业委员会执行委员、福建师范大学研究生导师、福建省中小学科学学科带头人张航老师带领相关学科骨干教师精心编写了"STEAM 创新研学系列"丛书。本套丛书共 6 本，分别为《医生　航海家》《建筑师　音效师》《侦探　花艺师》《古生物学家　营养师》《灯光师　气象员》《咖啡师　桥梁工程师》，以 12 种生活中常见的职业为原型，从学生的发展需求出发，在生活情境中把发现的问题转化为课程主题，通过探究、服务、制作、体验等方式，将 STEAM 教育与研学教育相结合，旨在帮助教师深入理解如何将科学探究与工程实践进行整合，以提高学习者设计与实践 STEAM 研学课程的能力。

　　本丛书是一线教师和研学导师的好帮手，也是孩子在学、做、玩中成长的好伙伴！它适用于中小学及校外研学实践基地、劳动教育基地、科普教育基地等场所的教师、辅导员和学生开展创新教育活动。

2021 年 4 月

主编简介

　　张航　福建小学教育公共实训基地负责人、闽江师专教科所科学教研员、三创学院创业导师，福建省中小学科学学科带头人，福建师范大学光电与信息工程学院研究生导师，中国科学院科普联盟科教创新专业委员会执行委员，福建省人工智能科教学会常务副会长，福建省创客科教协会副会长，福建教育学会小学科学教育专业委员会秘书长，科逗科爸创新研学联盟创办人。《小创客玩转科学》《AI 来了》《小眼睛看大世界——职业互动立体书》等系列科教丛书的主编。

目 录

建筑师

音效师

建筑师

工程图

引 言

　　什么是建筑师？建筑师应该具备怎样的本领？世界上最高的建筑在哪里？最大的游乐场你知道吗？万丈高楼是如何建成的？怎样才能使建筑结构更加稳固？你想设计并动手建造属于自己的建筑物吗？让我们一起走进神奇的建筑世界，感受建筑的独特魅力吧！

走近建筑师

建筑师，本领强，
"万里长城"手中筑，
百米高楼平地起。
一起走近建筑师，
筑造幸福俏家园。

 建筑师和世界建筑之最

 你眼中的建筑师是什么样子的？

是这样？

还是这样？

或者是这样？

建筑师是指受过专业教育或训练，以建筑设计为主要职业的人。建筑师通过与工程投资方和施工方的合作，在技术、经济、功能和造型上实现建筑物的营造。

 著名的建筑师

世界上有许多建筑大师，让我们一起来认识一下他们吧！

贝聿铭是美籍华人，普利兹克奖获得者。他娴熟地运用现代建筑的设计理念和原则，设计出许多经典作品，特别是他巧

贝聿铭

妙地使用三角形母体构图法进行建筑设计，为世界建筑界所推崇。

我们来欣赏这位大师的作品吧！

华盛顿国家艺术馆东馆

北京香山饭店

香港中银大厦

苏州博物馆

在西班牙建筑师高迪的眼中，一切灵感起源于自然和想象：海浪的弧度、海螺的纹路、蜂巢的格致、神话人物的外形，都是他喜欢采用的表达思路。

安东尼奥·高迪

我们来欣赏这位大师的作品吧！

巴塞罗那古埃尔公园

巴塞罗那米拉公寓

巴塞罗那圣家族教堂

巴塞罗那巴特罗公寓

世界上有许多著名的建筑物，让我们一起来了解一下世界建筑之最吧！

世界最高建筑——迪拜哈利法塔
塔高 828 米，共 162 层

世界最大游乐场——奥兰多
迪士尼乐园

世界最大会堂式建筑——北京人民大会堂
可容纳 10 000 人进行的大型会议

 查一查资料，了解更多建筑师。

世界上还有许多著名的建筑师，同学们可以通过查阅书籍等，了解更多的建筑师。

② 建筑师的必备技能

要成为一名优秀的建筑师,需要具备什么技能呢?选址、设计、房屋框架构建、门窗框安装、房屋外墙装饰及室内装修……这些可是一个都不能少啊!

 选址

在建房之初给房子选好的位置,是很重要的。在选址的时候要注意些什么呢?

首先一定要避开洪水、泥石流等自然灾害多发的地方,其次要选择周边环境条件和卫生条件都好的地段,还要注意周边的公共设施是否齐备。

设计

在设计房屋的时候要注意和周围的环境相互呼应，要注意房屋要有充足的采光，朝向合理，各个功能室布局恰当。

房屋框架构建

建造房屋框架前，必须先打好地基。即使打地基是修建房子中最耗费时间和精力的步骤，人们也必须扎扎实实完成，否则，房屋容易倾斜甚至倒塌。

 ## 门窗框安装

当墙砌好后，工人师傅都会及早在预留的位置上，安装好门、窗的框，为后期门窗的安装做好准备。

 ## 房屋外墙装饰及室内装修

房屋的外墙结构建成后房子还不具备居住的功能，还有许多后续的工作，包括内外墙抹灰、门窗安装、外墙装饰、室内装修等，这些也是建筑师要掌握的本领。

内外墙抹灰

门窗安装

外墙装饰

室内装修

建筑师的本领

建筑师，本领强，
测量、设计、搭建样样行！
吸管、回形针变化大，
三角形、正方体、"凉亭"
都靠它们！
我也要来当建筑师，
搭建不一样的精彩！

 # 关于测量的知识

陈叔叔在老家盖一栋房子，着手盖的时候却发现房子设计得太大了，无法在现有土地上建成。这是为什么呢？

测量在建筑过程中是至关重要的，如果没有经过精密的测量，而是随心所欲地建造，就有可能出现陈叔叔这种状况。

 ## 认识测量工具

这些建筑师们使用的测量工具你认识吗？

钢卷尺   钢直尺

测距轮

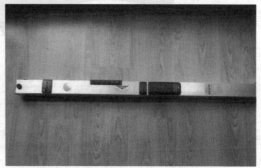

垂直检测尺

水准仪

对角检测尺

 学习使用钢卷尺

1. 卷尺结构

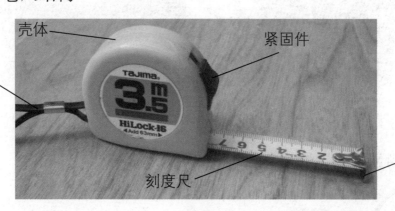

壳体　紧固件

挂件

刻度尺　把爪

构件名称	主要功能
把爪	测量外部长度时起卡紧作用
紧固件	对刻度尺起固定作用
壳体	对刻度尺起保护作用，同时起装饰作用
挂件	防止意外掉落造成损坏
刻度尺	测量物品规格

2. 卷尺的使用

下面卷尺的使用，哪一个是正确的、哪一个是错误的呢？

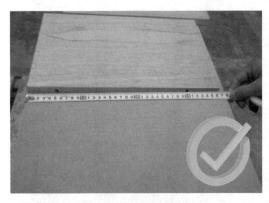
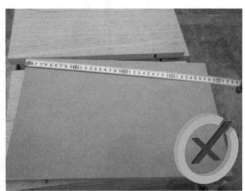

测量时，将卷尺零刻度对准测量起始点，施以适当拉力，直接读取测量终止点所对应的尺上刻度。

量一量，记一记。

试着用卷尺测量教室里桌子的长度或者家里家具的尺寸，并把测量的结果写在下面。

测量物品：

长度：

宽度：

高度：

 # 吸管和回形针的挑战

一根吸管被剪成了两段，你能想办法将它们连接起来吗？说一说你使用的材料。

用胶带缠

用线捆绑

直接插

如果给你一些回形针，你能完成下面的挑战吗？

 ## 挑战 1

能不能用回形针将吸管连接起来呢？

你的方法是什么？请记录在下面。

 挑战 2

试着用回形针将两根吸管连起来并形成一定的角度。

1. 将回形针弯曲成想要的角度。

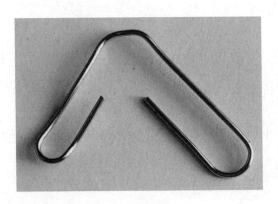

2. 在回形针的两头插上吸管。

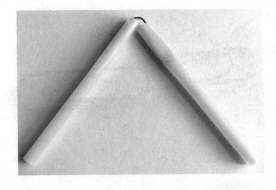

 你的方法是什么？请记录在下面。

 挑战 3

如果再给你一枚回形针，你能将两根吸管连接在一起，并可以绕着连接点自由转动吗？

1. 将两枚回形针连接在一起，一共有以下三种方法，其中方法一最不容易脱落。

方法一：

两枚回形针插在一起后要绕一圈，使两个小头连在一起。

方法二：

一枚回形针的大头和另
一枚回形针的小头连在一起。

方法三：

两枚回形针的大头连在
一起。

2. 将吸管分别插在未被连接的回形针的一端。

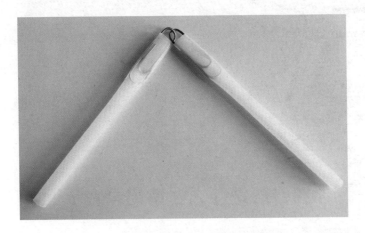

你的方法是什么？请记录在下面。

挑战 4

如果要将三根吸管都连接在一起，并可以绕着连接点自由转动，该怎么做呢？

1. 三枚回形针插在一起后要绕一圈，使三个小头连在一起。

2. 将吸管分别插在未被连接的回形针的一端。

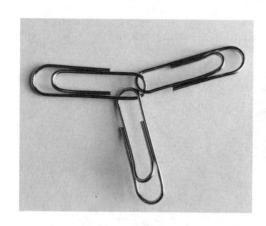 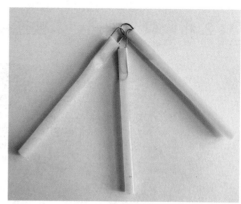

 你的方法是什么？请记录在下面。

3 搭建三角形和四边形

认识形状

这些形状你都认识吗？

三角形

圆形

正方形

长方形

平行四边形

梯形

菱形

五边形

你能利用回形针、吸管等材料自己搭建三角形和正方形吗？

搭建三角形实验

◆ 材料准备

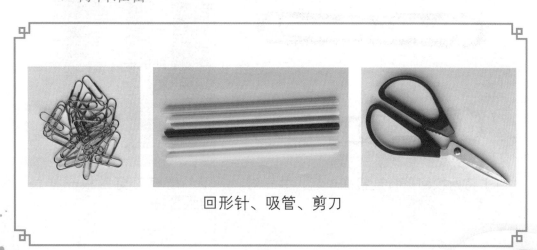

回形针、吸管、剪刀

◆ 操作步骤

1. 画设计图。

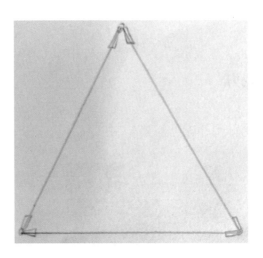

2. 计算需要几根吸管、几枚回形针。

3. 搭建。

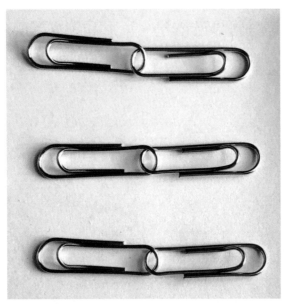

（1）将两枚回形针连接在一起，共三对。

（2）用剪刀剪三根一样长的吸管。

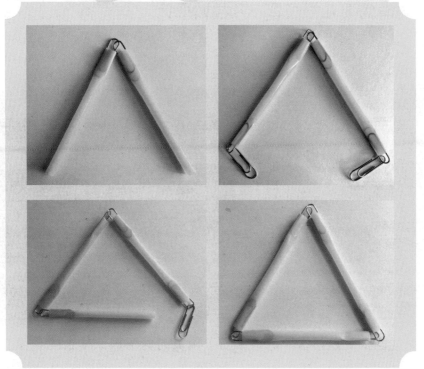

（3）依次将回形针与吸管相连。

 搭建四边形实验

◆ 材料准备

回形针、吸管、剪刀。

◆ 操作步骤

1.画设计图。

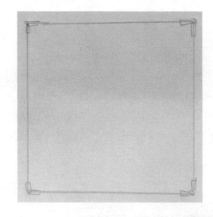

建筑师 音效师

2. 计算需要几根吸管、几枚回形针。

3. 搭建。

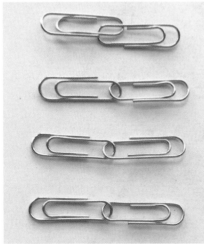

（1）将两枚回形针连接在一起，共四对。

（2）用剪刀剪四根一样长的吸管。

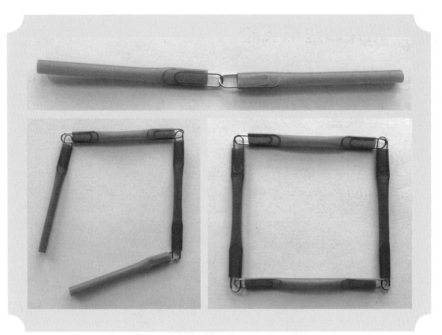

（3）依次将回形针与吸管相连。

比较搭建完成的三角形和正方形，你有什么发现？它们的形状会改变吗？

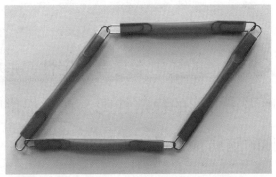

三角形的稳定性在生活中的应用可多了！

起重机　　　　　　　　　　亭子

房梁　　　　　　　　法国埃菲尔铁塔

在所有的几何图形中，三角形是最稳定的。搭建的三角形形状不会改变，而四边形形状容易改变。

4 加固正方形

正方形的结构不具有稳定性，形状容易改变，有什么方法可以增强正方形的稳定性呢？在只提供吸管和回形针的情况下，开动你的脑筋，想想解决的办法。

 你的方法是什么？请记录在下面。

在正方形中搭建这样两根支架，你觉得能起到加固正方形的作用吗？动手试一试。

你成功了吗？加固后的正方形足够稳定吗？

 ## 我来加固

◆ 材料准备

回形针、吸管、剪刀。

◆ 操作步骤

1. 根据正方形对角线的长度剪出相应长度的吸管两根。

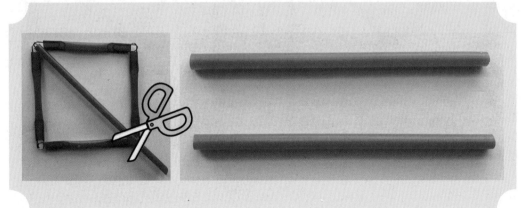

2. 在正方形的四个角各加一枚回形针。

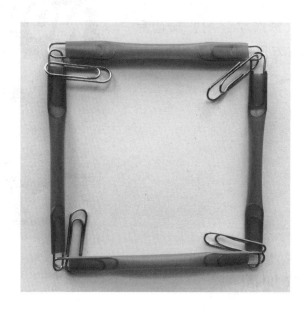

3. 在正方形的两条对角线上各加一根吸管。

4. 在两条对角线的中间加一枚回形针进行固定。

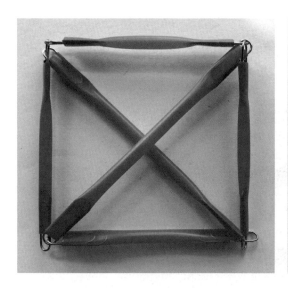 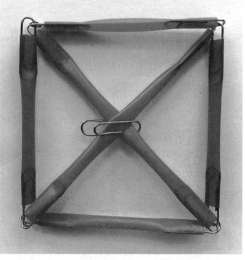

列举生活中采用三角形加固的例子。

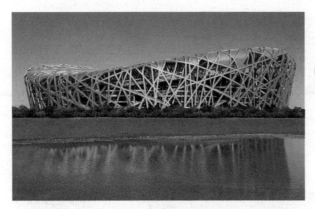

鸟巢

这些建筑物见过吗？

斜拉桥

高压电线杆

桌椅

 5 搭建和加固正方体

观察，想一想正方体和正方形有什么区别。

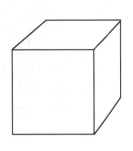

正方形和正方体有什么不同点和相同点呢？

 搭建正方形

◆ 材料准备

吸管、回形针。

◆ 操作步骤

1. 画设计图。

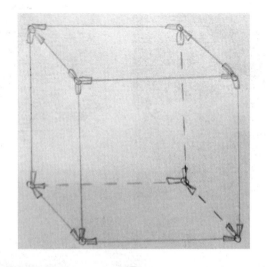

2. 计算需要几根吸管、几枚回形针。

3. 准备好需要的回形针和吸管,并将三枚回形针相连。

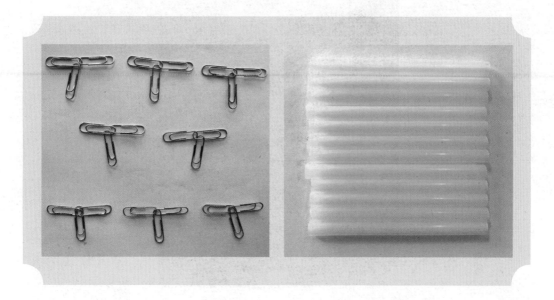

4. 搭建上、下两个四边形,多出来的一枚回形针用于连接中间部位的吸管。

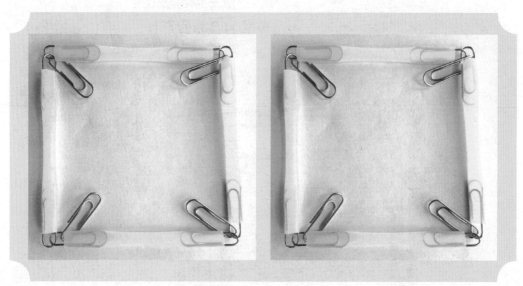

5. 用 4 根吸管将上、下两个正方形相连。

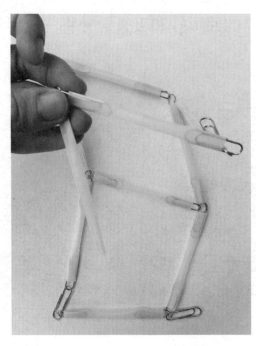

6. 正方体搭建完成，但此时的正方体不够稳定。

数一数用了几根
吸管和几枚回形针。

正方体的加固

根据三角形稳定性的原理，在正方体每个面的一条对角线上加一根吸管。

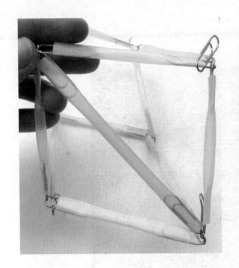 

想一想：这样加固可以吗？

NO!

 正方体承受力的测量

你的正方体能承受多大的力？动手试一试吧！

测试方法：慢慢往正方体上叠加书本，看它能承受几本书而不坍塌。

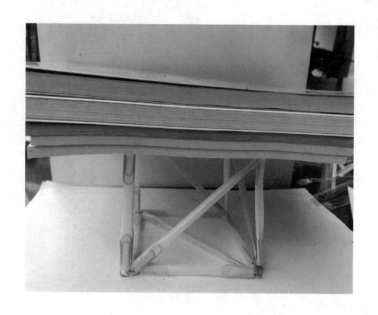

6 搭建和加固其他形状

 这些立体图形你认识吗？

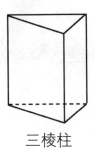

三棱柱

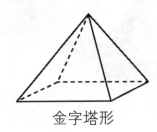

金字塔形

正四面体

 搭建三棱柱

◆ 材料准备

回形针、吸管、剪刀。

◆ 操作步骤

1.将三枚回形针相连共六组；将九根吸管剪成所需要的长度。

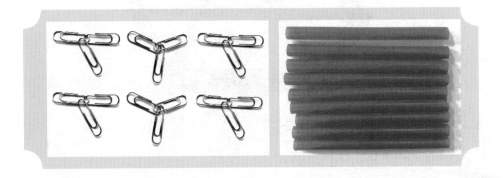

建筑师 音效师

2. 搭建两个三角形。

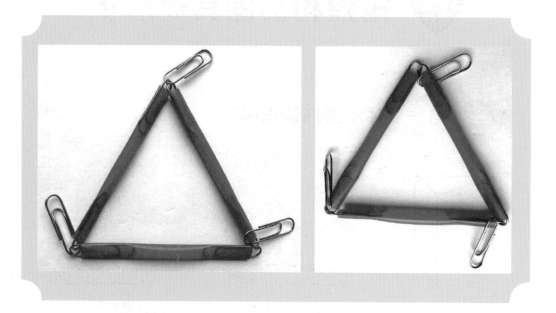

3. 用三根吸管将上、下两个三角形连接起来。

搭建正四面体

◆ 材料准备

回形针、吸管、剪刀。

◆ 操作步骤

1.将三枚回形针相连，共三组；将七根吸管分别剪成所需要的长度。

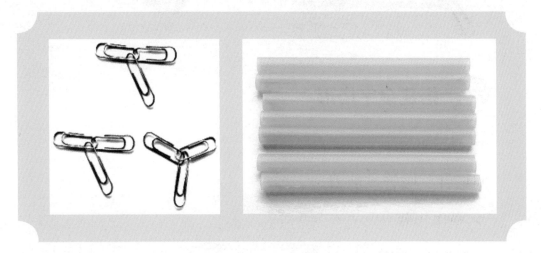

2.将其中一组回形针与三根吸管相连，作为正四面体的上半部分。

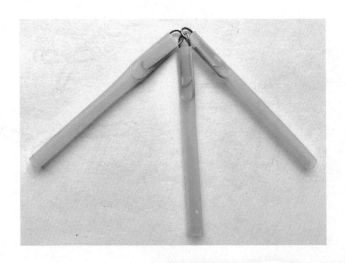

3. 搭建一个三角形。

4. 将三角形与上半部分相连组成正四面体。

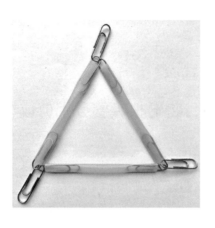 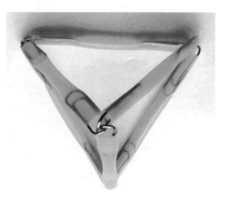

 搭建金字塔形

◆ 材料准备

回形针、吸管、剪刀。

◆ 操作步骤

1. 分别将三枚回形针相连（三组）、四枚相连（一组），将八根吸管剪成所需要的长度。

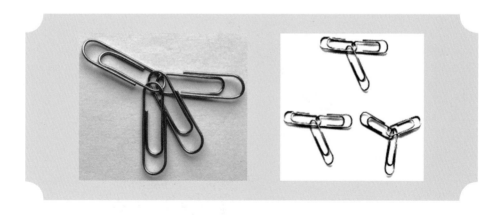

2. 将四枚一组的回形针与四根吸管相连，作为金字塔形的上半部分。

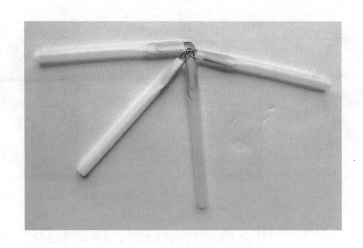

3. 搭建一个正方形。

4. 将正方形与上半部分相连组成金字塔形。

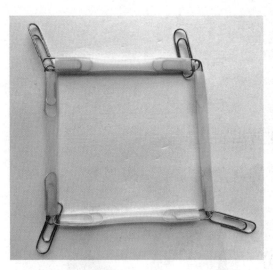

 立体图形的加固

下面三个立体结构哪一个最稳固？

这三个立体图形中正四面体最稳定，因为它四个面都是由三角形组成。

 三棱柱的加固

◆ 材料准备

回形针、吸管、剪刀。

◆ 操作步骤

1. 根据三角形两条边的长度剪出斜边。

2. 分别在三棱柱的三个侧面的对角线加上一根吸管。

3. 加固完成。

 金字塔形的加固

◆ 材料准备

回形针、吸管、剪刀。

◆ 操作步骤

1. 根据三角形两条边的长度剪出斜边。

2. 在金字塔形底面正方形的对角线上加上一根吸管。

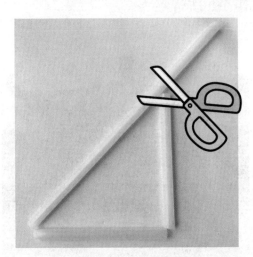

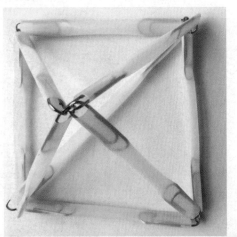

 搭建"亭子"

小明和爸爸妈妈周末去爬山，爬着爬着，小明就爬不动了。爸爸告诉他再坚持一会儿就可以休息啦，因为在中途有一座专供人们休息的亭子。

眼力大挑战

下面这些亭子有什么共同点和不同点？

 搭建"亭子"

◆ 材料准备

回形针、吸管、剪刀。

◆ 操作步骤

1. 画设计图。

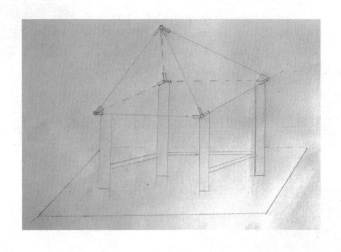

2. 动手搭建。

（1）搭建"亭顶"。

（2）制作"亭子"的柱子。

可以用上热熔胶枪哟！

（3）搭建"亭子"底座，并将"亭顶""柱子""底座"相连接。

44

（4）添加"休息凳"，搭建完成。

大家来讨论

你搭建的"亭子"稳定吗？建筑结构的稳定性除了和形状有关外，还和什么因素有关呢？

支撑面的大小。

结构是否对称。

重心位置的高低。

······

8 自制"地震仪"

2008 年 5 月 12 日，四川汶川县发生了 8.0 级地震，共造成 69 227 人死亡，374 643 人受伤，17 923 人失踪，是伤亡极其严重的一次地震。2009 年，我国将每年的 5 月 12 日定为全国"防灾减灾日"。

地震给人类带来的灾难是毁灭性的，所以预测、预报地震是十分必要的。你想不想自己动手制作一个"地震仪"？

我会制作

◆ 材料准备

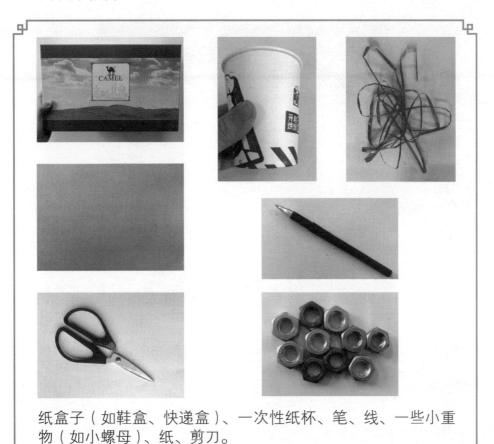

纸盒子（如鞋盒、快递盒）、一次性纸杯、笔、线、一些小重物（如小螺母）、纸、剪刀。

◆ 操作步骤

1. 首先让纸盒子开口的方向朝着你。在顶上用剪刀剪 2 个小洞，这两个洞是用来穿线用的。

2. 在一次性杯子的底部剪一个口子，大小以你的笔刚好从中穿过为准。

3. 在一次性杯子的杯口处相对着剪 2 个小洞，然后在里面穿上一根线。

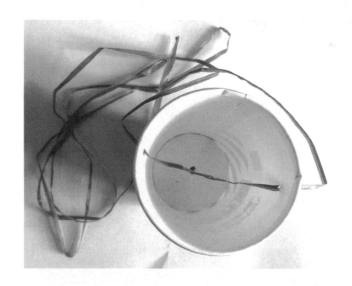

4.把笔插到底部的洞里,露出笔头。用一些胶带纸、双面胶一类的东西把笔固定住,使它不会上下晃动。在杯子里放上碎石或者重物,在笔下面垫一张纸。

摇晃纸盒,同时缓缓往外抽纸,在纸上能看见什么呢?

 原理揭秘

当发生震动的时候,纸和纸盒会随着震动运动,而悬挂着的重物因为受到惯性的作用会保持相对静止,这么一来,悬挂的重物和纸会发生相对位移。汉代张衡的地动仪和现代地震仪的拾振器利用的都是这个原理。

STEAM实践：设计与搭建喜欢的建筑物

小小建筑师，
一起来造房。
地基要打牢，
结构要稳固。
精巧温暖屋，
遮风又挡雨。

1 设计喜欢的建筑物

时尚的小平房，巍峨耸立的高楼，温暖的小温室，可爱的狗屋……你想拥有一个自己建造的建筑物吗？动手进行设计吧！

我的设计图

设计师

建筑物的名称	
所用材料	
建筑物的用途	
我的设计	

2 搭建喜欢的建筑物

根据你的设计搭建相应的建筑物。

具体操作步骤：

你搭建的建筑物结构稳定吗？让我们来一起检测一下吧！

 测试 1：用扇子扇风。

测试结果：

 测试 2：摇晃桌子模拟地震。

测试结果：

 测试 3：放上书本，施以重物。

测试结果：

改进的方法：

54

展示与评价。

自我评价：

同学对我作品的评价：

老师对我作品的评价：

家人对我作品的评价：

我的收获：

56

音效师

引　言

　　小朋友们，你们看电影时，除了被里面的人物和情节所吸引，还有没有被里面的音效震撼到？这些声音是怎么来的？是电影的原声吗？轻轻拨动琴弦，为什么会听到流水般的旋律？深情地按下琴键，为什么美妙的乐声回荡在耳边？……你们是否思考过这些声音是怎么产生的？为什么不同的乐器能够演奏出不同的旋律？让我们来揭开这些问题背后所蕴含的科学道理，感受声音的魅力吧！

走近音效师

音效师，有能耐
各种道具把声发
风声雨声鸟儿声
还有动听乐器声
音效师，真神奇
幕后功臣人们记

建筑师 音效师

 我眼中的音效师

你知道音效师吗？你眼中的音效师是什么样子的？

是这样？

还是这样？

或者是这样？

音效是指由声音所制造的效果，是为增进一场面之真实感或气氛等而加入其中的声音，这里的声音指乐音和效果音。

在制作音效的音效师们

那些在录音室负责录音，在幕后制作电视、电影或游戏音效的师傅，都被称为音效师。

常见的音效有：风、雨、雷、电的天气音效；鸡、鸭、猫、狗的动物音效；以及金属撞击声、光影高科技等电影音效。

你去过录音室吗？里面都有什么呢？

录音室是录制电影、歌曲、音乐等的录音场所，一起来看看里面都有什么吧！

录音室的主要设备有：电脑，专业声卡，调音台，midi 控制器，耳机放大器，监听耳机，监听音箱，话筒，话筒放大器，各类效果器等。

录音室里的设备

著名的音效师

我们来认识一位著名的音效师。

香港资深音效大师曾景祥，曾四度摘取香港电影最佳音效金像奖。他在 1989 年创办了"MBS"公司，为电影提供音效及后期制作等服务，他也是音效技术先行者，制作过的电影包括《智取威虎山》《捉妖记》《少林足球》等获奖作品。

曾景祥（图左）与导演刘伟强合作

音效师的功劳

大家在观看电影的时候，除了被里面的人物情节所吸引，还被电影里的声音所震撼，其中许多声音都是音效师制作出来的。电影中，淅淅沥沥的小雨声可能是煎培根的声音，扭断脖子的声音可能是折断芹菜发出来的，所以音效师的功劳是很大的。

虽然在公众眼中音效师不如电影明星出名，他们的专长不能被看到，但他们的音效作品却能被直观地听到，带给大家非常好的艺术感受。

 查一查资料，了解更多音效师的故事。

2 音效师的必备技能

音效师们常用钟情的乐器进行混音，所以要想成为一名音效师，不仅需要一双敏锐的耳朵，还要掌握一些必备的技能，知道如何利用特定声音的作用，创造出惟妙惟肖的音效。

 基本技能

1.掌握基础的乐理知识——认识音符。

	1	2	3	4	5	6	7
唱名：	do	re	mi	fa	sol	la	si
	多	来	米	发	索	拉	西
字母名：	C	D	E	F	G	A	B
高音：	$\dot{1}$	$\dot{2}$	$\dot{3}$	$\dot{4}$	$\dot{5}$	$\dot{6}$	$\dot{7}$
中音：	1	2	3	4	5	6	7
低音：	$\underset{.}{1}$	$\underset{.}{2}$	$\underset{.}{3}$	$\underset{.}{4}$	$\underset{.}{5}$	$\underset{.}{6}$	$\underset{.}{7}$

2.了解不同物品的发音风格，特别是不同乐器的发音风格。

小提琴的音色柔美清纯，婉转悠扬，擅长演奏清脆、悦耳、欢乐的乐曲。

小提琴

大提琴的音色浑厚深沉，演奏的乐曲声音柔和、安详、沉稳。

双簧管的音色清新、响亮，发出的声音甜美、纯净、穿透力强。

大提琴

双簧管

小号的音色刚健明亮，吹出的声音比较高亢，有气势。

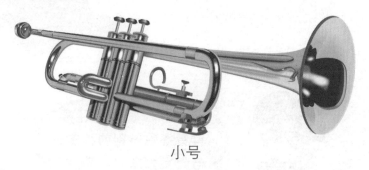
小号

你还知道哪些乐器，并知道它们的发声特点呢？

3. 能良好地操作控制台和其他设备，熟练掌握和音技巧。

音效师能熟练使用音效设备，知道声音的特点和合成方法，从而制作出特定的音效效果。

4. 是一个反应迅速的电脑高手。

要成为音效师，必须熟悉电脑
的基本操作，能熟练掌握常用音频
软件的应用，熟悉声音合成的方法，
并将其应用于音效中。

想想音效师还要
具有哪些特别的技能，
与大家分享一下吧。

 音效师的道具准备

如果你想成为一名音效师，需要具备以下几种道具。

1. 专业的录音设备；

2. 准备各式各样能发出不同声音的道具。

3. 一台电脑。

音效师的工作室

 分享大会——动手试一试，并与大家交流下吧。

1.用软纸巾和塑料袋摩擦可以模拟什么声音？

2.用捏碎松果的声音可以模拟什么声音？

音效师的本领

音效师，本领大
制造声音是能手
声乐知识要掌握
物体发声有特点
扩音器，拨浪鼓
还有我的七彩音乐瓶
我想当个音效师
沉醉在声音的王国里

物体发声的特点

在周围的生活环境中，我们总能听到各种各样的声音。静下心来，仔细地听一听周围物体发出的声音。

居住环境

树上的小鸟

上班路上

幼儿学校

建筑师　音效师

 听听它们发出的声音

我们周围存在着各种不同的声音，我们也可以利用物体发出不同的声音。听过弹古筝、敲音叉、乐队敲锣打鼓的声音吗？这些声音听起来有什么不同？

弹古筝

音叉

乐队演奏

 动手敲一敲

尝试着用相同的力度来敲击不同物体（材质分别是：玻璃、

70

塑料、不锈钢、铝、纸），并记录下听到的声音。

◆ 材料准备

小木棍 1 根、玻璃瓶 1 个、塑料瓶 1 个、纸罐 1 个、易拉罐 1 个、不锈钢杯子 1 个

◆ 操作步骤

1. 用小木棍轻轻敲击玻璃瓶，听听发出的声音。

2. 用小木棍轻轻敲击塑料瓶，听听发出的声音。

3. 用小木棍轻轻敲击不锈钢杯子，听听发出的声音。

4. 用小木棍轻轻敲击易拉罐，听听发出的声音。

5. 用小木棍轻轻敲击纸罐，听听发出的声音。

记录听到的声音。

实验器材	轻轻击打时 发出的声音
玻璃瓶	
塑料瓶	
不锈钢杯子	
易拉罐	
纸罐	

知识窗

　　不同的物体发出的声音是不同的，有的声音沉闷，有的声音清脆，我们把声音不同的特色叫做音色。这是由于不同物体的材料和结构不同造成的。

能区分下面两种乐器发出的声音吗?

 分享大会——说说各种瓶罐的发声特点。

它们声音不同的是……

2 探索声音产生的奥秘

我们生活在一个充满声音的世界里。常常会听到风吹着树叶的沙沙声，雨落到地面的滴滴答答声，小鸟叽叽喳喳的鸣叫声，以及汽车引擎的轰鸣声、喇叭的嘟嘟声……

● **知道声音是怎么产生的吗？**

让我们来观察物体发声时都有什么特点吧。

用力拨动木梳的齿，观察木梳的齿有什么变化。如果停止拨动，又有什么变化呢？

用小瓶子装些小塑料泡沫，用嘴吹小瓶，看看小塑料泡沫有什么变化。

大家也可以用手拨动橡皮筋，看看发生的变化。

声音怎么产生的

声音看不见、摸不着，它是怎么产生的呢？

◆ 材料准备

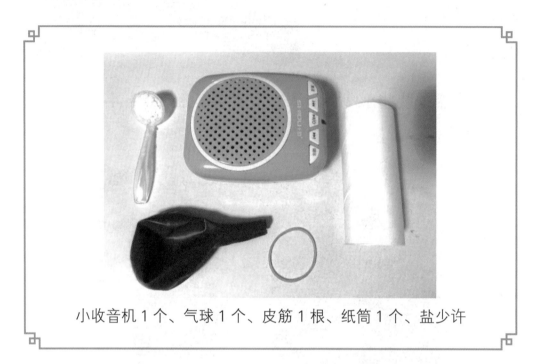

小收音机 1 个、气球 1 个、皮筋 1 根、纸筒 1 个、盐少许

◆ 操作步骤

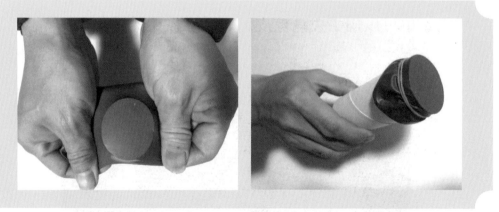

1. 将橡皮膜（气球碎片）蒙住纸筒口，并用橡皮筋捆绑并固定住。

2. 将纸筒放在小收音机的喇叭位置处。

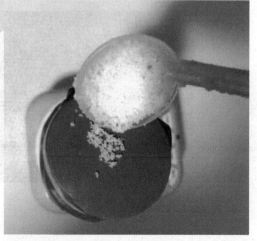

3. 往橡皮膜上撒少许盐。

4. 打开收音机，并适当调节音量，观察盐的变化。

知识窗

　　声音是由于物体的振动产生的，一切发声的物体都在振动，振动停止，发声停止。

　　我们把正在发声的物体叫做声源。如，正在鸣叫的青蛙、敲响的鼓都是声源。

正在鸣叫的青蛙

敲鼓

 分享大会——说说产生声音时看到的现象。

产生声音时，我看到了……

声音是怎么传递的

当声音产生后，是怎么传递到我们的耳朵的？如，在课堂上，我们为什么能听到讲台上老师讲话的声音？

 准备两个气球，玩一玩下面的游戏

1. 给一只气球吹足气，用细线把口扎好。

2. 将另一只气球套进水龙头，慢慢地注入水，当气球的大小跟前一只差不多时，停止注水，用细线将口扎好。

3. 将两只气球放在桌上，手指轻敲桌面，用耳朵分别贴着两只气球仔细倾听敲击声（手指轻敲桌面的两次力度相同），比一比哪只气球传出声音的效果好。

我们也可以准备三个小塑料袋，分别装上沙子、水和空气，然后用同样的方法，耳朵分别隔着沙子、水和空气，听一听用铅笔轻轻敲击桌面的声音。

沙子

空气

水

说说听到的声音有什么不同。

想不想跟好朋友讲悄悄话？一起来制作一个说悄悄话"神器"——土电话。

 制作土电话

◆ 材料准备

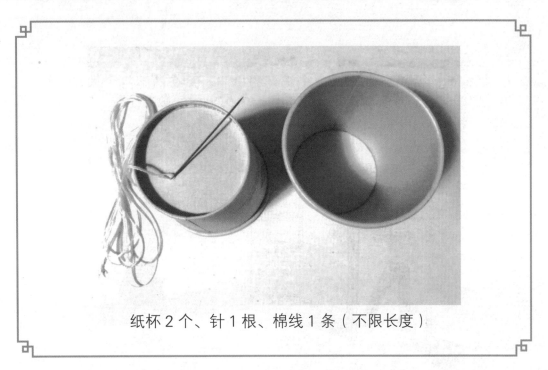

纸杯 2 个、针 1 根、棉线 1 条（不限长度）

◆ 操作步骤

1. 用针在 2 个纸杯底部中央扎一个小洞，方便将线穿过。

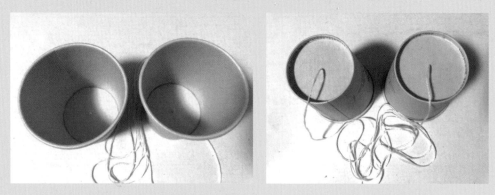

2. 把棉线的两头分别穿入 2 个纸杯的小洞，并在两端打个大点的结，防止棉线从小洞里脱落出来。这样，一个土电话就做好了。

3. 当一个同学对着这一端的纸杯说话时，另一个同学在另一端的纸杯处就能听到声音了。

知识窗

声音能在空气、液体、固体中传播，不能在真空中传播。声音在不同的物体中传播的快慢是不同的，在液体中传播比在空气中传播快，在固体中传播最快。

月球上没有空气，宇航员只能通过无线电交流

 分享大会——你做的土电话能"打电话"吗？

我做的土电话……

4 辨别声音的变化

　　大家在一起玩捉迷藏的游戏时，虽然你的双眼被蒙住，但是当听到熟悉的人的说话声，通常能判断出说话的人是谁。

说一说，你是怎么判断出来的？

　　有些公共场合，不能大声说话，因为会影响他人，而在有些场合，我们说话必须大声些。

　　⚫ **哪个场合可以大声说话，哪个场合应该小声说话？**

交流讨论

学习

看电影

上课

声音有大有小，在公共场所一定要注意。

想不想让自己讲话大声一点？我们制作一个简易扩音器体验一下。

 制作扩音器

◆ 材料准备

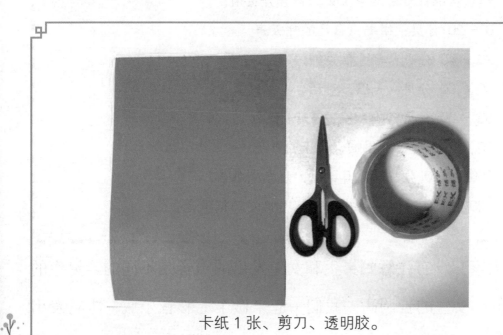
卡纸 1 张、剪刀、透明胶。

◆ 操作步骤

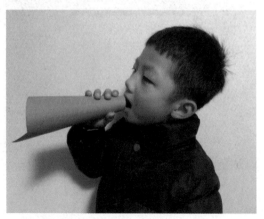

1. 把卡纸卷成圆锥状，用透明胶粘好。简单的扩音器就做好了。

2. 将嘴巴靠近"扩音器"小的一端讲话，让同伴听听声音会不会更响亮一些。

知识窗

　　声音的大小（强弱）用音量来描述，音量的单位是分贝（dB）。扩音器的作用就是减少声音的分散，增大声音的强度。

　　形象认识日常生活中常见的声音分贝值。

0 ~ 20 分贝：微弱，自己的呼吸声；

20 ~ 40 分贝：轻，低声细语；

40 ~ 60 分贝：一般，对话音；

60 ~ 80 分贝：响，演讲声音；

80 ~ 100 分贝：很响，机床的声音；

100 ~ 120 分贝：震耳欲聋，汽车喇叭声；

120 ~ 140 分贝：难以忍受、飞机发动机声音。

　　大家有没有注意到男生和女生发出的声音是不同的，男生的音调低，女生的音调高。我们一起来做个七彩音乐瓶，听它发出不同的音调。让我们跟着美妙的旋律动起来吧。

制作七彩音乐瓶

◆ 材料准备

相同的玻璃瓶 7 个、7 种不同颜色的颜料。

把瓶子排成一排，在每个瓶子里倒进不同量、不同颜色的水（水量由多到少）。这样一组七彩音乐瓶就做好了。

◆ 操作步骤

1. 用筷子或小木棒以相同的力度依次敲击音乐瓶，听听声音有什么变化。

2. 用嘴依次对着每个瓶口吹一吹，能否听到声音，声音是否一样？

 分享大会——说说你的七彩音乐瓶。

我制作的七彩音乐瓶……

5 吹风笛

笛子，是汉族乐器中最具代表性、最有民族特色的吹奏乐器。

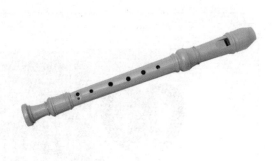

大部分笛子是竹制的，但也有石笛、玉笛及红木做的笛子，古时还有骨笛。不过，笛子最好的原料是竹子，因为竹子成本较低，而且发出的声音效果也较好。

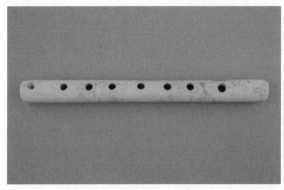

石笛   玉笛

建筑师 音效师

我们尝试用塑料吸管做笛子吧。

吸管不仅可以吸可乐，还能用来吹奏美妙的音乐，快来看它

是如何变身为风笛的！

 制作风笛

◆ 材料准备

吸管 10 支、剪刀、双面胶、彩纸、彩笔

◆ 操作步骤

1. 将双面胶粘贴在 10 支吸管上，让吸管尖头朝上。

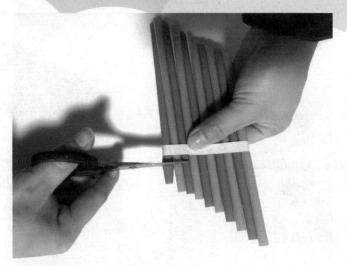

2. 在吸管平头的那端沿 10 支吸管画一直线，并整齐地剪下来。

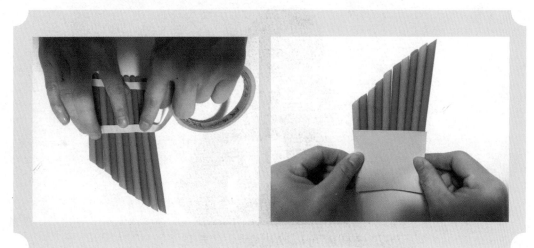

3. 再在吸管上粘一条双面胶，并贴上一张大小合适的彩纸。

4. 在另一张彩纸上画一只美丽的蝴蝶。　5. 用剪刀把蝴蝶剪下来。

6. 把蝴蝶贴在彩纸上做装饰，吸管风笛更漂亮了。

7. 这样就可以吹出美妙的声音了。

 分享大会——说说你做的风笛。

我做的风笛……

6 弹吉他

吉他是一种弹拨乐器，通常有六条弦，形状与提琴相似。

吉他大体分为两种：木吉他和电吉他。木吉他有圆角和缺角的，而电吉他的形状比较多样。

圆角吉他　　　缺角吉他　　　　　　电吉他

吉他已成为和钢琴、提琴一样是一种非常受人们喜爱的流行乐器，在全世界广泛传播。

我们来做个简易"吉他"。

 制作纸盒吉他

◆ 材料准备

空面纸盒 1 个、粗细不同的橡皮筋各 1 条、笔 2 支。

◆ 操作步骤

1. 把粗细不同的橡皮筋分别套在纸盒上、下两位置。

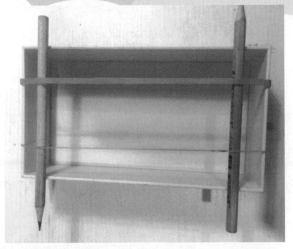

2. 在两端的橡皮筋底下各放上一支笔。

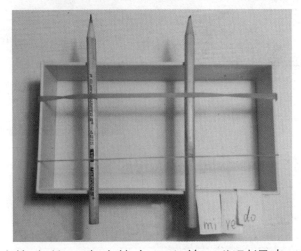

3. 拨动橡皮筋，移动其中一支笔，分别调出 do、re、mi……的音域，并在橡皮筋上做记号。

 分享大会——说说你制作的吉他。

我制作的吉他……

玩砂铃

砂铃又叫沙锤，属于敲打乐器之一，砂铃形状类似保龄球瓶，造型可爱轻巧。伴奏时加入砂铃，可以演奏出生动、活泼的音响效果。

 制作两种不同材料的砂铃

◆ 材料准备

1. 塑料饮料瓶 1 个、米、胶带。　2. 金属饮料罐 1 个、绿豆、胶带。

◆ 操作步骤

1. 塑料饮料瓶内放入米，米约占塑料饮料瓶的三分之一；金属饮料罐内放入绿豆，绿豆约占金属饮料罐的三分之一。

2. 用胶带把塑料饮料瓶口和金属饮料罐口封住，这样用两种材料做的砂铃就做好了。

摇动塑料饮料瓶和金属饮料罐，比较一下这两种不同材料做出来的砂铃声音有什么不同。

 分享大会——说说你做的砂铃。

我做的砂铃……

98

8 摇拨浪鼓

　　拨浪鼓是我国传统、古老的乐器和玩具，主体是一面小鼓，两侧缀有两枚弹丸，鼓下有柄，转动鼓柄，弹丸甩动击鼓发声。

　　鼓身可以是木的也可以是竹的，还有泥的、硬纸的……鼓面用羊皮、牛皮、蛇皮或纸制成，其中以木身羊皮面的拨浪鼓最为典型。

　　各种各样的拨浪鼓如图。

想不想动手做一个属于自己的拨浪鼓呢？

自制拨浪鼓

◆ 材料准备

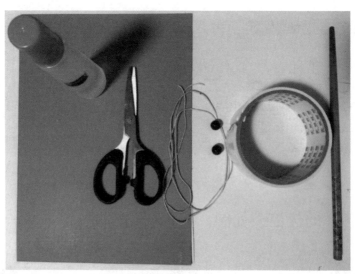

卡纸 1 张，筷子 1 根，小串珠 2 个，绳子，胶水，剪刀，胶带壳（圆盒）

◆ 操作步骤

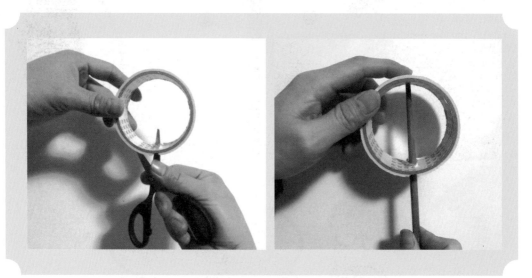

1. 在胶带壳上穿两个孔，以便筷子插入，用胶水固定好底部和顶部。

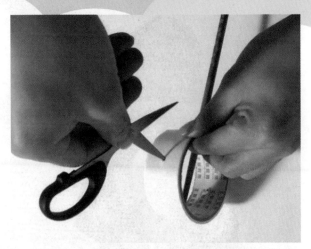

2. 再在胶带壳的另两侧钻两个小孔，便于绳子穿过。

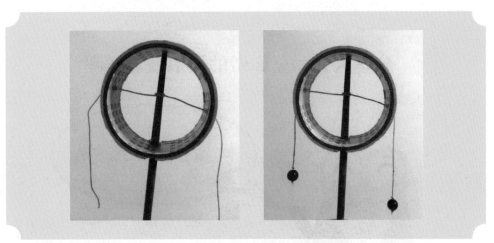

3. 绳子从两侧小孔穿入，再把串珠串在绳子的两头。

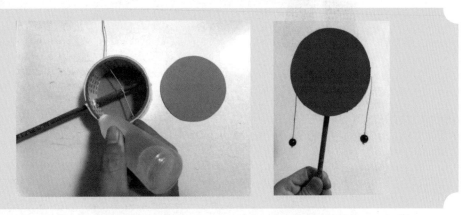

4. 剪两个圆纸片，分别贴在胶带壳的两面，用胶水固定好，这样一只简单好玩的拨浪鼓就制作完成了。

5.转动鼓柄，听听拨浪鼓美妙的声音。

分享大会——你做的拨浪鼓怎样呢？

我做的拨浪鼓……

STEAM 实践：

设计和制作

一段音频

小小音效师
开场"音乐会"
你弹"吉他"
我吹"笛"
带我去开启
奇妙的声音之旅

 # 选择与设计音效

诺可喜欢音乐，再过几天就是她的生日了，她准备邀请她的几个好朋友来她家参加生日派对。

几个小伙伴商量了一下，想开一场别开生面的音乐会，给好朋友诺可一个惊喜！

我想用自己制作的乐器演奏一曲。

我可以用自己做的乐器给你伴奏。

我想给诺可配一段我拿手的动画片音效。

我还没想好。

亲爱的小朋友们，我们也用学到的知识设计并制作一段音效。一起加入到这场音乐会吧！

在设计中要注意什么呢？

在设计中需要：

1. 考虑所用材料和制作步骤等。

2. 把自己的想法画下来，和同伴进行讨论。

3. 根据自己的图纸进行制作。

我的设计

设计者：

乐器的名称：

所用的材料：

设计图：

 分享大会——说说设计的优缺点。

我设计的图……

② 制作与展示音效

小朋友们，考验你们的时候到了，你能根据自己的设计制作出相应的乐器吗？

操作步骤：

我制作的乐器：

今天就是诺可的生日了，现在是你充分展示的时候，一起嗨起来吧！

text

Party 结束啦！最后我们来做个相互评价。

小朋友对我作品的评价：

我的收获：

 结束语

小朋友们，通过对本书内容的学习与探究，你们对音效师这个职业是不是有了更深入的了解呢？当然，要想成为一名真正的音效师，还有很多东西等待着聪明睿智的你们去继续探索学习呢。让我们朝着自己心中的梦想去努力吧！